BEI GRIN MACHT SICH IHR WISSEN BEZAHLT

- Wir veröffentlichen Ihre Hausarbeit,
  Bachelor- und Masterarbeit

- Ihr eigenes eBook und Buch -
  weltweit in allen wichtigen Shops

- Verdienen Sie an jedem Verkauf

Jetzt bei www.GRIN.com hochladen
und kostenlos publizieren

Corinna Mailänder

Rezension zu Mark Zeitouns "Power and Water in the Middle East. The Hidden Politics of the Palestinian-Israeli Water Conflict"

GRIN Verlag

Bibliografische Information der Deutschen Nationalbibliothek:

Die Deutsche Bibliothek verzeichnet diese Publikation in der Deutschen National-
bibliografie; detaillierte bibliografische Daten sind im Internet über http://dnb.d-
nb.de/ abrufbar.

Impressum:

Copyright © 2013 GRIN Verlag GmbH
Druck und Bindung: Books on Demand GmbH, Norderstedt Germany
ISBN: 978-3-656-71273-2

Dieses Buch bei GRIN:

http://www.grin.com/de/e-book/277954/rezension-zu-mark-zeitouns-power-and-
water-in-the-middle-east-the-hidden

GRIN - Your knowledge has value

Der GRIN Verlag publiziert seit 1998 wissenschaftliche Arbeiten von Studenten, Hochschullehrern und anderen Akademikern als eBook und gedrucktes Buch. Die Verlagswebsite www.grin.com ist die ideale Plattform zur Veröffentlichung von Hausarbeiten, Abschlussarbeiten, wissenschaftlichen Aufsätzen, Dissertationen und Fachbüchern.

Besuchen Sie uns im Internet:

http://www.grin.com/

http://www.facebook.com/grincom

http://www.twitter.com/grin_com

Zeitoun, Mark (2012 [2005]): Power and Water in the Middle East. The Hidden Politics of the Palestinian-Israeli Water Conflict. London und New York (I.B.Tauris). 214 Seiten. € 21,70. ISBN: 978-1-84885-997-5.

Während der letzten Jahrzehnte hat die Wasserpolitik sowohl in der Forschung als auch in der Praxis vermehrt für Aufmerksamkeit gesorgt. Viele Gewässer verlaufen über politische Grenzen hinweg und provozieren dadurch Streitigkeiten hinsichtlich ihrer Zugehörigkeit und Nutzung und – da Wasser eine endliche Ressource ist – auch über mögliche Verteilung(sstrategien) (Dinar 2012). Wasser hat also eindeutig mit Macht und Regierungsführung zu tun und ist so aktuell wie der immer noch andauernde Konflikt zwischen Israel und Palästina. Dieser mag schon mehrfach analysiert, beobachtet, debattiert worden sein, doch Mark Zeitoun konzeptualisiert in seinem Buch den Einfluss der Macht in grenzübergreifenden Wasserkonflikten erstmals systematisch. Das hat bisher in der Forschungsliteratur gefehlt, ebenso wie die Thematisierung der *soft power* (Dinar 2012), der Zeitoun eine große Bedeutung beimisst. Auch die Gegenüberstellung von Grund- und Oberflächenwasser nimmt bei ihm großen Raum ein, während viele andere Wissenschaftler sich entweder mit dem einen oder mit dem anderen beschäftigen – erstaunlich genug, da schließlich beide Aspekte zum Konflikt beitragen. In seinem Buch geht er besonders auf die ungleiche Machtverteilung pro-Israel ein und was Palästina noch bleibt, um darauf zu reagieren. Er zeigt, wie Israel seine Macht instrumentalisiert, warum das möglich ist und warum es Palästina nicht möglich ist. Zentraler Aspekt und Schwerpunkt des Buches ist das vom Autor neu entwickelte Konzept der „Wasser-Hegemonie" und der damit verbundenen asymmetrischen Verteilung von Macht und Einflussmöglichkeiten trotz formaler Gleichstellung, ein Thema, das später auch Warner und Zawahri (2012) aufgreifen. Zeitoun vergleicht zudem den israelischen Wasserverbrauch mit dem palästinensischen, wohingegen sich die Forschung bisher hauptsächlich mit israelischen Konsumschaubildern beschäftigt hat, denen aber Daten über die Gewinnung von Wasser sowie vorhandene Wasserquellen fehlten.

Das Buch ist logisch aufgebaut, d.h. es beginnt mit einer allgemein gehaltenen Einführung in die Bereiche Macht – Wasser – Konflikte und wie diese miteinander zusammenhängen. Im anschließenden theoretischen Teil stellt der Autor Modelle der Machtausübung vor, von denen er ausgewählte in den späteren Kapiteln anhand von Beispielen erläutert. Auf die starke Machtasymmetrie zwischen den beiden Staaten geht er separat ein, wie auch auf die historische Entwicklung des Konfliktes. In drei Kapiteln widmet er sich schließlich jeweils den Konzepten *hard power, bargaining power* und *ideational power*, bevor er abschließend einen Überblick über die Gewinnung und den Verbrauch von Grund- und Oberflächenwasser gibt. Im letzten Kapitel zieht er ein Fazit und erläutert, wie seiner Ansicht nach die Zukunft in diesem Konflikt aussieht.

In Kapitel 1 führt Mark Zeitoun in das Thema ein. Er stellt dabei klar, dass die Konflikte um Wasser, so groß sie auch sein mögen, entgegen verbreiteter Vorstellungen nicht zu Kriegen im eigentlichen Sinn ausarten, in denen etwa Kampfflugzeuge über Flüssen patrouillieren und die Staatssicherheit gewährleisten. Wasser dient dabei bestenfalls als Waffe. Nichtsdestotrotz wird – zumindest auf dem Papier – auch von Kooperation gesprochen, wobei der Begriff „Kooperation" im Konflikt zwischen Israel und Palästina darüber hinwegtäuscht, dass es eine klare israelische Dominanz gegenüber dem schwächeren Palästina gibt. Dies beschreibt Zeitoun im Verlauf des Buches anhand mehrerer Beispiele. Schließlich zeigt er die Bedeutung der Macht und ihren Einfluss in grenzübergreifenden Wasserkonflikten auf – auch das Konzept der Hegemonie ist auf fundamentale Weise mit der Machttheorie verbunden, worauf er später genauer eingeht. Im Fall von Israel und Palästina besteht eine extreme Machtasymmetrie zugunsten Israels, die bedacht werden muss, will man den Konflikt, seine Wurzeln und seinen bisherigen Verlauf verstehen.

Da das Erforschen der Wasserpolitik notwendigerweise auch einen Blick auf die Geopolitik erfordert, widmet sich Zeitoun in Kapitel 2 speziell theoretischen Konzepten von Macht und wendet sie später am konkreten Konflikt an. Er vertritt die Position, dass geographischer Determinismus (also die Rolle der Topographie, durch die manche Staaten bevorzugt, andere benachteiligt sind) nicht haltbar ist, da er als Erklärung für Konflikte zu einfach ist und wichtigere Faktoren außer Acht lässt. Zwar bemängelt der Autor die fehlende Existenz ausreichender theoretischer Literatur hierzu, führt aber dennoch einige Konzepte an, wie bspw. das der *securitisation*, das die Sicherheitstheorie mit grenzübergreifenden Konflikten um Wasser zusammenführt. Leider geht er darauf im weiteren Verlauf des Buches kaum ein, obwohl sich dazu sicherlich zahlreiche Debatten anschließen ließen, wie etwa die, bei der es um den Zusammenhang zwischen Sicherheit, Klimawandel und Wasserressourcen geht (Feitelson et al. 2012). Was hingegen später noch eingehend beschrieben wird, sind die drei Dimensionen von Macht: *hard power* (die Möglichkeit einer Interessengruppe, mit materiellen Mitteln die Zustimmung der anderen zu erwirken, z.B. durch das Mobilisieren militärischer Macht), *bargaining power* (Einfluss durch Autorität und Legitimität) und *ideational power* (abstrakteste, aber effektivste Form der Macht – mit dem Ziel, dass die Schwächeren ihre Rolle im aktuellen Zustand als gegeben akzeptieren und für sich am besten empfinden). Die letzten beiden Dimensionen gelten als *soft power* und werden oft kombiniert.

Zentral in der Analyse des Autors sind die versteckten Wege, über die die palästinensische Befolgung israelischer Ziele im Wasserkonflikt sichergestellt wird, sowie der Begriff der Hegemonie und die damit verbundene Machtasymmetrie, der auch Warner und Zawahri (2012) große Bedeutung in „Wasserfragen" beimessen. In einer Hegemonie herrscht ein Zustand der formalen Gleichheit, wie es auch bei Israel/Palästina der Fall ist, die jedoch praktisch nicht wirklich umgesetzt wird.

In Kapitel 3 schließlich geht der Autor auf die starke bestehende Asymmetrie zwischen Israel und Palästina ein: Wer bekommt Wasser, wann, wo und wie? Dazu gibt er zu Beginn einen guten Überblick über die grenzüberschreitenden Wasserströme, ihre Verteilung und die Kontrolle darüber im Westjordanland. Bei wachsender Bevölkerung herrscht im gesamten Gebiet physische Wasserknappheit, zudem ist der Wasserverbrauch im landwirtschaftlichen Sektor enorm. Wichtigste grenzübergreifende Ressource an Oberflächengewässern ist der Jordan, wobei den Palästinensern durch den zweiten Osloer Friedensprozess 1995 jeglicher Zugang dazu verwehrt wurde. Deutlich mehr Wasser findet sich in den Grundwasservorräten, doch auch hier wurde Israel unverhältnismäßig mehr zugeteilt. Die Verteilung der grenzübergreifenden Wasserressourcen entspricht 6:1 für Israel, also hängt der Konflikt um Wasser offensichtlich weniger von der geographischen Lage eines Staates ab als von dessen Regierungsführung und Umgang mit Macht. Da die physische Wasserknappheit theoretisch durch abstrakte und technologische Maßnahmen kompensiert werden könnte, liegen die Erklärungen für den hier behandelten Konflikt somit in Ideologie und Politik.

Ein historischer Überblick über den Wasserkonflikt leitet Kapitel 4 ein, das sich konkreter mit der Wasserpolitik von Israel und Palästina beschäftigt. 1948 begann mit der Gründung des Staates Israel eine der turbulentesten Perioden in der Geschichte des Wasserkonflikts – Israel entwickelte seine Grundwassergewinnung schnell weiter, Palästina dagegen nur minimal, was letztendlich zur Übermacht Israels bezüglich Wasserfragen führte. Die israelische Fertigstellung des Nationalen Wassertransports 1964 wurde von den arabischen Nachbarn als *water grab* gesehen, weshalb die palästinensische Befreiungsorganisation (PLO) ihren ersten Angriff startete und so quasi den 6-Tage-Krieg 1967 auslöste. Dieser markiert inzwischen den Beginn der israelischen Herrschaft über das Gebiet. Die Verhandlungen mit Palästina im Osloer Friedensprozess stellen einen historischen Wendepunkt dar, da in Oslo II 1995 mit der *Palestinian Water Authority (PWA)* und dem *Joint Water Committee (JWC)* formale Gleichberechtigung erreicht wurde und sich somit Israels Kontrolle über die grenzübergreifenden Wasserströme von einer Herrschaft zur Hegemonie wandelte. Versuche der PWA einen eigenen „nationalen" Wassersektor im Westjordanland und Gazastreifen zu entwickeln, stellten sich allerdings als weniger erfolgreich heraus – ebenso wurden die „palästinensischen Wasserrechte", die in Oslo II von Israel anerkannt wurden, tatsächlich nie umgesetzt. Schon im Jahr 2000 war das Abkommen wieder ruiniert und 2002 begann der Bau der Sperranlagen innerhalb des Westjordanlandes. Zeitoun geht im Anschluss auf interne israelische und palästinensische Spannungen ein. Israel und Palästina verfolgen verschiedene Diskurse, wobei der dominante von der israelischen Seite kommt: *Needs, not Rights* (gegen palästinensische Wasserrechte). Der Autor versucht des Weiteren David Harveys Konzept *Akkumulation durch Enteignung* auf den Wasserkonflikt anzuwenden, allerdings führt er die Theorie nicht genügend aus, sodass ein Leser, der damit nicht vertraut ist, wohl nicht zwingend alle Gedankengänge nachvollziehen kann.

Im folgenden fünften Kapitel untersucht Mark Zeitoun die Dimension der *hard power* und beginnt mit dem Fallbeispiel des militärischen Einfalls in die palästinensische Stadt Jenin im Westjordanland 2002 und der Zerstörung der dortigen Wasserinfrastruktur. Ergebnis waren nicht nur wochenlanges Fehlen von fließendem Wasser, sondern auch 4000 Menschen, die obdachlos wurden, und tausende von Toten. Der anschließende Bau der israelischen Sperranlagen zeigt, wie Macht neue Fakten schaffen kann. Israel ist Palästina militärisch klar überlegen, somit ist die Macht (bzw. *hard power*) sehr asymmetrisch verteilt. Die israelische Regierung stellt die Errichtung der Sperranlagen als Schutz ihrer Bürger in Israel und im Westjordanland dar, was als Aspekt der *securitisation* gewertet werden kann, der jedoch nicht näher beleuchtet wird. Bei Vollendung der Anlagen werden hunderttausende Palästinenser von ihrem Land getrennt sein, daher sehen viele darin einen *land grab*. Andere sehen zusätzlich einen *water grab*, allerdings gibt es hierfür laut Zeitoun keine stichhaltigen Beweise. Bezüglich der Wasserressourcen ist eine Enteignung festzustellen, denn bereits 2003 waren 25-30 Brunnen innerhalb der Anlagen nicht mehr funktionstüchtig. Die PWA hat als Reaktion auf den Bau nur wenig offiziellen Protest geleistet und auch im JWC gab es nur wenige, wenn überhaupt, inoffizielle Diskussionen darüber. Durch Israels so viel stärkere *hard power* wurde die Errichtung überhaupt erst möglich, den Palästinensern blieb nicht viel entgegenzusetzen. Solch einseitige Aktionen ohne Verhandlungsoptionen wurden nur durch die große Machtasymmetrie ermöglicht.

Auch in Bezug auf die zweite Machtdimension, die *bargaining power*, spiegelt sich in Kapitel 6 die Machtasymmetrie wider, und zwar in Form des *Joint Water Committee*, das eigentlich als Modell für Kooperation von grenzübergreifenden Wasserthemen dienen sollte. Doch letztendlich scheint es wenig effektiv und bemüht, denn, wie der Autor treffend bemerkt, zusammenarbeiten heißt nicht unbedingt auch zu kooperieren. Der „aktivste" Bereich im JWC ist das Zulassungsverfahren für Projekte, wobei allerdings die grenzübergreifenden Wasserressourcen innerhalb der israelischen Grenze nicht in den Zuständigkeitsbereich des Komitees fallen. Theoretisch gibt es eine „one person – one vote"-Symmetrie, aber praktisch ist es ein asymmetrisches Zulassungsverfahren mit Vetorecht für Israel. „Verhandeln" heißt im JWC genauer gesagt, dass die Palästinenser einen Preis zahlen müssen, damit Israel einem ihrer Projektvorschläge zustimmt (meist läuft dies im Gegenzug auf die Zustimmung zu einem israelischen Projekt hinaus). Ihre Alternativen sind ablehnen oder zustimmen, beides jedoch hat negative Auswirkungen für sie. Weiterhin bestimmt hauptsächlich Israel, welche Vorschläge überhaupt auf den Tisch gebracht werden oder wer bei den Meetings teilnehmen darf. Teilweise werden Protokolle sogar vor Meetings geschrieben – das bedeutet, dass die Ergebnisse schon vorher feststehen. Aktionen dieser Art können nur in einer starken Hegemonie funktionieren. Die sogenannte Kooperation, die offiziell nach außen hin besteht, ist also praktisch keine, sondern reine Kontrolle.

Im 7. Kapitel wendet sich der Autor der dritten Machtdimension zu, der *ideational power*, und beginnt mit dem libanesisch-israelischen Wasserkonflikt, wobei jedoch nicht wirklich deutlich wird, wo die Verbindung zum palästinensisch-israelischen liegt. Als Beispiel für das Westjordanland nennt er eine Entsalzungsanlage an der israelischen Küste, die als Projekt des guten Willens gelten sollte. Geplant war, Wasser aus dem Mittelmeer ins Westjordanland zu schaffen. Die Bewohner sollten dann für entsalzenes Meerwasser bezahlen, während das bereits verwendbare Grundwasser dort von israelischen Pumpen für Israelis genutzt würde – in der Tat ein etwas absurdes Projekt. Insgesamt wird in diesem Kapitel leider nicht genau deutlich, wie *ideational power* funktioniert und wie Israel diese Form der Macht für sich nutzt.

Wieder konkreter wird das 8. Kapitel, in dem ein historischer Abriss über die Gewinnung und den Verbrauch von Grund- und Oberflächenwasser gegeben wird. Zusammenfassend arbeitet Zeitoun drei „Risikodimensionen" heraus sowie eine vierte, bezogen auf Wasserpolitik. In der ersten geht es darum, die Wasserversorgung Israels als Folge der Einnahme des gesamten Territoriums an beiden Ufern des oberen Jordans verlässlich sicherzustellen. Kontrolle über eine sogenannte strategische Reserve ist die zweite Risikodimension – aus regenreichen Jahren soll ein Überschuss gewonnen und behalten werden, da diese Reserven nicht in Verhandlungen bzgl. einer Neuverteilung der Ressourcen mit einfließen. Als dritte Risikodimension nennt der Autor das Beibehalten eines niedrigen palästinensischen Wasserverbrauchs, damit dieser wenig bis keinen Einfluss auf die israelische Wasserpolitik hat bzw. damit Israel darauf Einfluss nehmen kann. Schließlich stellt die Wirkung von Verhandlungen die vierte Dimension (bzgl. Wasserpolitik) dar. Diese wird nicht ganz klar, jedoch geht es um den stetigen Anstieg der Wassergewinnung und des landwirtschaftlichen Verbrauchs nach der Dürreperiode 1989-1991. Welche Elemente des israelischen Wassersektors diesen Anstieg bewirkt haben und ob dies Absicht war oder nicht, ist schwierig, wenn nicht unmöglich, zu sagen.

Im abschließenden Kapitel seines Buches geht Mark Zeitoun zusammenfassend auf Israels wasserbezogene Hegemonierolle ein und gibt einen Ausblick auf die Zukunft. Zwar ist im Status Quo Israel bevorzugt, aber langfristig schaden die Auswirkungen des Konflikts beiden Seiten. Zusätzlich werden Finanzierungen internationaler Geldgeber in Projekte investiert, die nicht nachhaltig sind. Somit ist der Wassersektor trotz hunderter von Millionen Dollar und viel Anstrengung ein Jahrzehnt nach Oslo II [zur Zeit der ersten Ausgabe des Buches 2005, Anm. d. Verf.] nicht weiter entwickelt als am Anfang, da die Wurzeln des Konflikts nicht angegangen werden. Der Autor sieht die Zukunft von Israel/Palästina recht schwarz, da es einer Revolution innerhalb Palästinas bedürfte, um eine gerechtere Machtverteilung zu erreichen, was er als unwahrscheinlich erachtet. Zusätzlich müssten Entsalzung und Wiederverwertung von Abwasser sichergestellt werden, um eine gleichberechtigte und sinnvolle Verteilung von Frischwasser zu gewährleisten. Laut Zeitoun wird die Intensität des Wasserkonfliktes parallel mit der Ungleichheit ansteigen und Machtspiele werden aggressiver werden.

Insgesamt gibt das Buch einen sehr guten Überblick über den Wasserkonflikt zwischen Israel und Palästina, von dem auch ein Leser, der mit der Thematik nicht vertraut ist, profitieren kann. Mehrere Grafiken und Schaubilder veranschaulichen die Ausführungen, detailliertere Sekundärdaten finden sich außerdem im Anhang. Der Zusammenhang von Macht und Wasser ist verständlich erklärt, vor allem, weil die in Kapitel 2 vorgestellten theoretischen Konzepte im Verlauf des Buches anhand spezieller Beispiele angewandt und näher dargestellt werden. Durch wiederkehrende Bezüge auf vorige Kapitel ergeben sich Querverbindungen. Insbesondere das Konzept der Hegemonie ist ausführlich und nachvollziehbar erläutert. Das Buch ist übersichtlich strukturiert und beleuchtet die meisten Aspekte gründlich.

Nichtsdestotrotz weist das Buch auch einige Schwachstellen auf. Manche Begriffe/Konzepte reißt Zeitoun nur an, ohne sie klar zu definieren bzw. sie näher zu erklären. Dazu gehören etwa „virtuelles Wasser" oder „Akkumulation durch Enteignung". Sie sind für Leser ohne

Vorkenntnisse zu wenig ausgeführt. Ebenso wird nicht deutlich, worin genau der Unterschied zwischen *bargaining power* und *ideational power* besteht.

Teilweise werden auch in Kapitel 2 vorgestellte Konzepte später kaum bis gar nicht wieder aufgegriffen, andere hätten vielleicht eingehender beleuchtet werden können. Herausgegriffen sei hier *securitisation*, da zwischen Sicherheit und Wasser ein großer Zusammenhang besteht, der er in diesem Konflikt bestimmt weitaus bedeutender ist als dargestellt: Auch der Klimawandel hat in ganz erheblichem Maß damit zu tun. Laut Feitelson et al. (2012) wird dieser zunehmend als Sicherheitsaspekt mit Folgen für unzählige Bereiche gesehen: Die bereits jetzt schon knappe Ressource Wasser wird durch die Klimaerwärmung in bestimmten Gebieten noch knapper werden, besonders auch in Ägypten und Jordanien, was wiederum indirekte Auswirkungen auf den israelisch-palästinensischen Konflikt (speziell im Gaza-Streifen) haben könnte. Das erfordert ggf. Anpassungen der Politik – ein Aspekt, den Zeitoun allerdings gänzlich außen vor lässt.

Interessant wäre weiterhin ein Vergleich mit anderen ähnlich gearteten Konflikten sowie der Umgang mit ihnen gewesen, bspw. in Südafrika/Lesotho/Namibia, wie kurz in Kapitel 9 angerissen. Leider nennt er kaum Richtungen oder Wege, die tiefergehend erforscht werden sollten. Offensichtlich hat er wenig Hoffnung auf eine Änderung der Lage Palästinas in der Zukunft.

Selby (2005) beleuchtet die Geopolitik des Wassers im Nahen Osten von einem ganz anderen Standpunkt aus – er vertritt die Ansicht, dass entgegen weitläufiger Annahmen eben nicht Wasser der Hauptfaktor in zwischenstaatlichen Konflikten ist, sondern vielmehr Öl. Laut Selby wird Wasser eine viel zu große Bedeutung beigemessen. Eher ist es für ihn in innerstaatlichen Konflikten von Relevanz (er scheint das Westjordanland dabei als Teil Israels zu sehen). Auf diesen Aspekt geht Mark Zeitoun überhaupt nicht ein. Trotz allem ist sein Buch durchaus empfehlenswert, da es einen detaillierten Zugang und Einstieg ins Thema bietet und dem Leser viele interessante Gesichtspunkte näher bringt.

Literaturverzeichnis

Dinar, Shlomi (2012): The Geographical Dimensions of Hydro-politics: International Freshwater in the Middle East, North Africa, and Central Asia. *Eurasian Geography and Economics* 53 (1): 115-142.

Feitelson, Eran, Abdelrahman Tamimi und Gad Rosenthal (2012): Climate change and security in the Israeli-Palestinian context. *Journal of Peace Research* 49 (1): 241-257.

Selby, Jan (2005): The Geopolitics of Water in the Middle East: fantasies and realities. *Third World Quarterly* 26 (2): 329-349.

Warner, Jeroen und Neda Zawahri (2012): Hegemony and asymmetry: multiple-chessboard games on transboundary rivers. *International Environmental Agreements: Politics, Law and Economics* 12 (3): 215-229.